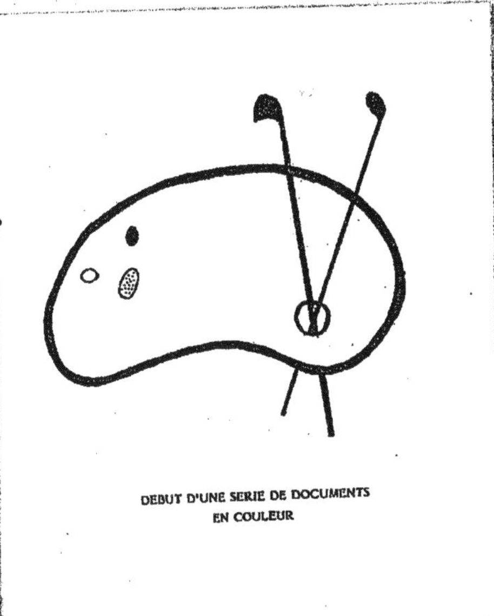

DEBUT D'UNE SERIE DE DOCUMENTS
EN COULEUR

Illisibilité partielle

VALABLE POUR TOUT OU PARTIE DU DOCUMENT REPRODUIT

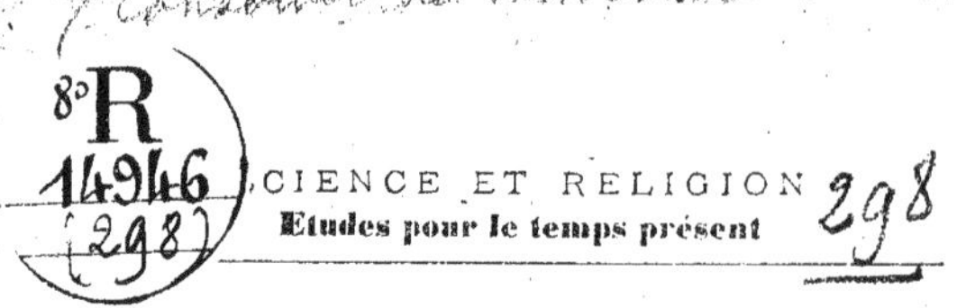

SCIENCE ET RELIGION
Études pour le temps présent

LE BAPTÊME
DANS L'ÉGLISE PRIMITIVE

PAR
V. ERMONI

PARIS
LIBRAIRIE BLOUD & Cie
4 RUE MADAME ET RUE DE RENNES, 59
1904

SCIENCE ET RELIGION

Études pour le temps présent. — Prix 0 fr. 60 le vol.

1 **Certitudes scientifiques et Certitudes philosophiques,** par A. DE LA BARRE, prof. à l'Institut catholique de Paris... 1 vol.
2 **L'Ame de l'homme,** par J. GUIBERT, supérieur du Séminaire de l'Institut catholique de Paris.......................... 1 vol.
3 **Faut-il une religion ?** par M. l'abbé GUYOT, ancien professeur de Théologie.. 1 vol.
4 *Du même auteur :* **Pourquoi y a-t-il des hommes qui ne professent aucune religion ?**.................................. 1 vol.
5 **Nécessité scientifique de l'existence de Dieu,** par Pierre COURBET.. 1 vol.
6 *Du même auteur :* **Jésus-Christ est Dieu**.............. 1 vol.
7 8 9 **Etudes sur la Pluralité des mondes habités et le dogme de l'Incarnation,** par le R. P. ORTOLAN, membre de l'Académie de Saint-Raymond de Pennafort et de la Société astronomique de France.. 3 vol.
I. — *L'Epanouissement de la vie organique à travers les Plaines de l'infini*.. 1 vol.
II. — *Soleils et Terres célestes*.................................. 1 vol.
III. — *Les Humanités astrales et l'Incarnation*............ 1 vol.
Chaque volume se vend séparément.
10 **L'Au-delà ou la Vie future d'après la Foi et la Science,** par M. l'abbé J. LAXENAIRE, de l'Académie de Saint-Thomas d'Aquin, professeur de Théologie.......................... 1 vol.
11 **Le Mystère de l'Eucharistie. — Aperçu scientifique,** par M. l'abbé CONSTANT, docteur en Théologie.............. 1 vol.
12 **L'Eglise catholique et les Protestants,** par G. ROMAIN. 1 vol.
13 **Mahomet et son œuvre,** par I.-L. GONDAL, supérieur du grand séminaire de Toulouse.................................. 1 vol.
14 15 **Christianisme et Bouddhisme**, par M. l'abbé THOMAS, vicaire général de Verdun.................. 2 vol. Prix : 1 fr. 20
16 **Où en est l'Hypnotisme,** son histoire, sa nature et ses dangers, par A. JEANNIARD DU DOT.................................. 1 vol.
17 *Du même auteur :* **Où en est le Spiritisme,** sa nature et ses dangers.. 1 vol.
18 **L'Apologétique historique au XIXe siècle. — La critique irréligieuse de Renan.** (*Les précurseurs. — La Vie de Jésus. — Les adversaires. — Les résultats*), par l'abbé Ch. DENIS. 1 vol.
19 **Nature et Histoire de la liberté de conscience,** par le chanoine CANET, docteur en philosophie et ès lettres de l'Université de Louvain.. 1 vol.
20 **L'Animal raisonnable et l'Animal tout court,** *Etude de Psychologie comparée,* par C. DE KIRWAN.................. 1 vol.
21 **La Conception catholique de l'Enfer,** par L. BRÉMOND, docteur en Théologie.. 1 vol.
22 **L'Eglise russe,** par I.-L. GONDAL.......................... 1 vol.
23 **La Fausse Science contemporaine et les Mystères d'Outre-tombe,** par le R. P. ORTOLAN.......................... 1 vol.
24 *Du même auteur :* **Vie et Matière ou Matérialisme et Spiritualisme en présence de la Cristallogénie**.......... 1 vol.
25 *Du même auteur :* **Matérialistes et Musiciens**....... 1 vol.
26 **Le Mal,** sa nature, son origine, sa réparation. *Aperçu philosophique et religieux,* par M. l'abbé CONSTANT.............. 1 vol.
27 **Dieu auteur de la vie,** par M. l'abbé THOMAS, vicaire général de Verdun.. 1 vol.
28 *Du même auteur :* **La Fin du monde d'après la Foi.** 1 vol.

29 **L'Attitude du catholique devant la science**, par G. Fonsegrive........ 1 vol.
30 *Du même auteur :* **Le Catholicisme et la Religion de l'Esprit**........ 1 vol.
31 **Du Doute à la Foi**, le besoin, les raisons, les moyens, le devoir, la possibilité de croire, par le R. P. Tournebize, S. J., avec lettre-préface de M. F. Coppée, de l'Académie française........ 1 vol.
32 **La Synagogue moderne**, sa doctrine et son culte, par A.-F. Saubin........ 1 vol.
33 **Evolution régulière et Immutabilité de la doctrine religieuse dans l'Église**, par M. Prunier, supér. du grand séminaire de Séez........ 1 vol.
34 **La Religion spirite**, son dogme, sa morale et ses pratiques, par I. Bertrand........ 1 vol.
35 **L'Hypnotisme franc et l'Hypnotisme vrai**, par le Docteur Hélot........ 1 vol.
36 **Convenance scientifique de l'Incarnation**, par Pierre Courbet........ 1 vol.
37 **L'Eglise et le Travail manuel**, par M. l'abbé Sabatier, du clergé de Paris........ 1 vol.
38 **L'Inquisition**, son rôle religieux, politique et social, par G. Romain........ 1 vol.
39 **L'Hypnotisme et la Science catholique**, par A. Jeanniard du Dot........ 1 vol.
40 **Unité de l'espèce humaine**, *prouvée par la similarité des conceptions et des créations de l'homme*, par le marquis de Nadaillac........ 1 vol.
41 **Le Socialisme contemporain et la Propriété.** — *Aperçu historique*, par M. Gabriel Ardant........ 1 vol.
42 **Pourquoi le Roman immoral est-il à la mode et pourquoi le Roman moral n'est-il pas à la mode ?** *Etude sociale et littéraire*, par G. d'Azambuja........ 1 vol.
43 **Opinions du jour sur les peines d'Outre-tombe.** *Feu métaphorique. — Universalisme. — Conditionnalisme. — Mitigations* par le R. P. Tournebize, S. J........ 1 vol.
44 **Le Talmud et la Synagogue moderne**, par A. F. Saubin. 1 vol.
45 **L'Occultisme ancien et moderne.** — *Les mystères religieux de l'antiquité païenne. — La Kabbale maçonnique. — Magie et Magiciens fin de siècle*, par I. Bertrand........ 1 vol.
46 47 *L'Evolution est-elle une loi générale de la vie ?* **L'Homme et le Singe**, par le marquis de Nadaillac. 2 vol. Prix : 1 fr. 20
48 *L'Ordre de la nature et le Miracle*, **Faits surnaturels et Forces naturelles, chimiques, psychiques, physiques**, par le R. P. de la Barre, S. J........ 1 vol.
49 **Comment se sont formés les Evangiles.** *La Question synoptique. — L'Evangile de saint Jean*, par le P. Th. Calmes, professeur au grand séminaire de Rouen........ 1 vol.
50 **L'Hypnotisme transcendant en face de la philosophie chrétienne**, par A. Jeanniard du Dot........ 1 vol.
51 **L'Impôt et les Théologiens.** *Etude philosophique, morale et économique*, par le comte Domet de Vorges........ 1 vol.
52 **Nécessité mathématique de l'existence de Dieu.** *Explications. — Opinions. — Démonstration*, par René de Cléré. 1 vol.
53 **Saint Thomas et la Question juive**, par Simon Deploige, professeur à l'Université catholique de Louvain........ 1 vol.
54 **Premiers principes de Sociologie catholique**, par l'abbé Naudet, professeur au Collège libre des sciences sociales. 1 vol.
55-56 **Le Déluge de Noé et les races Prédiluviennes**, par C. de Kirwan........ 2 vol. Prix : 1 fr. 20

57 **La Patrie.** — *Aperçu philosophique et historique*, par J.-M. VILLEFRANCHE .... 1 vol.

58 *Protestants et Catholiques au XVIe siècle.* — **La Saint-Barthélemy**, par Henri HELLO .... 1 vol.

59 **L'Esprit et la Chair.** *Philosophie des macérations*, par Henri LASSERRE .... 1 vol.

60 **L'Esprit chrétien et les Affaires,** par G. D'AZAMBUJA. 1 vol.

61 **Les Ressorts de la Volonté et le libre Arbitre,** par le comte DOMET DE VORGES .... 1 vol.

62-63 **Le Levier d'Archimède ou la Mécanique céleste et le Céleste Mécanicien,** par le R. P. ORTOLAN. 2 vol. Prix : 1 fr. 20

64 **Ce que le Christianisme a fait pour la Femme,** par G. D'AZAMBUJA .... 1 vol.

65 **L'Hypnotisme et la Stigmatisation,** par le Dr A. IMBERT-GOURBEYRE .... 1 vol.

66 **L'Education chrétienne de la Démocratie,** *Essai d'apologétique sociale,* par l'abbé Ch. CALIPPE .... 1 vol.

67 **La Religion catholique peut-elle être une science ?** par l'abbé G. FRÉMONT .... 1 vol.

68 *Même auteur :* **Que l'Orgueil de l'Esprit est le grand écueil de la Foi.** *Théodore Jouffroy, Lamennais, Ernest Renan.* 1 vol.

69 **La Révélation devant la Raison,** par F. VERDIER, supérieur de grand séminaire .... 1 vol.

70 **Confréries musulmanes.** — *Histoire.* — *Discipline.* — *Hiérarchie,* par le R. P. PETIT .... 1 vol.

71 **Pratique de la Liberté de conscience dans nos Sociétés contemporaines,** par le chanoine CANET .... 1 vol.

72 **Comment peut finir l'Univers,** d'après la science et d'après la Bible, par C. DE KIRWAN .... 1 vol.

73 **Les Théories modernes de la Criminalité,** par le Dr DELASSUS .... 1 vol.

Faillite du Matérialisme, par Pierre COURBET. 3 vol. *se vendant séparément :*

74 I. — *Historique* .... 1 vol.
75 II. — *Discussion ; l'atome et le mouvement* .... 1 vol.
76 III. — *Discussion ; l'éther, le gaz, l'attraction* [illegible] *Conclusion.* — *Appendice* .... 1 vol.

Le Globe terrestre, par A. [illegible] APPARENT, [illegible]e de l'Institut. 3 vol. *se vendant sép*[illegible]:

77 I. — *La Formation de l'*[illegible]*rrestre* .... 1 vol.
78 II. — *La Nature des mou*[illegible]*s de l'écorce terrestre.* 1 vol.
79 III. — *La Destinée de la terre fe*[illegible]*me et la Durée des temps.* 1 vol.

80 **De la connaissance du Beau,** *sa définition, application de cette définition aux beautés de la nature,* par l'abbé GABORIT. 1 vol.

81 **Le Diable dans l'Hypnotisme,** par le docteur Ch. HÉLOT 1 vol.

82 **De la Prospérité comparée des nations catholiques et des nations protestantes,** *au point de vue économique — moral — social,* par le R. P. FLAMÉRION, S. J. .... 1 vol.

83 **L'Art et la Morale.** — *L'art indépendant.* — *L'art apôtre.* — *L'art dangereux.* — *L'art pervers.* — *Le nu dans l'art,* par le R. P. SERTILLANGES, O. P. .... 1 vol.

84 **La Sorcellerie,** par I. BERTRAND .... 1 vol.

85 **Qu'est-ce que l'Ecriture Sainte ?** — *Les livres inspirés dans l'antiquité chrétienne.* — *Théorie de l'inspiration,* par le P. Th. CALMES .... 1 vol.

86 **Le Problème de la Vie ou le Principe vital devant la Science et la Métaphysique,** par l'abbé C. MANO, docteur en philosophie .... 1 vol.

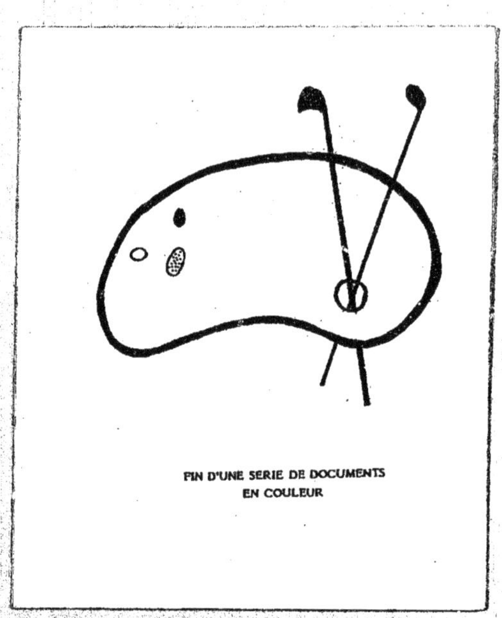
FIN D'UNE SERIE DE DOCUMENTS
EN COULEUR

LE BAPTÊME

DANS L'ÉGLISE PRIMITIVE

Paris, le 27 Novembre 1903.

Sur le rapport favorable qui nous en a été fait, j'autorise M.V. Ermoni à publier « Le Baptême dans l'Eglise primitive ».

A. FIAT,
sup. gén.

Permis d'imprimer :

Paris, 28 Novembre 1903.

G. LEFEBVRE,
vic. gén.

SCIENCE ET RELIGION
Études pour le temps présent

LE BAPTÊME
DANS L'ÉGLISE PRIMITIVE

PAR

V. ERMONI

PARIS
LIBRAIRIE BLOUD & Cie
4, RUE MADAME ET RUE DE RENNES, 59
1904

LE BAPTÊME
DANS L'ÉGLISE PRIMITIVE

AVANT-PROPOS

Le Baptême est la porte de l'Eglise ; c'est par là qu'on y entre et qu'on en devient membre ; il est dès lors le plus important des sacrements ; il est même le seul qui soit absolument nécessaire au salut. Je me propose donc d'étudier ce sacrement dans les origines chrétiennes en suivant les mêmes procédés critiques que pour l'Eucharistie. Puissè-je, par ce modeste écrit, porter les théologiens à prendre plus nettement conscience des besoins et des méthodes de la Dogmatique à notre époque, et inspirer aux fidèles plus de vénération pour le Sacrement qui a effacé dans leur âme la souillure originelle et les a engendrés à une nouvelle vie, à la Vie surnaturelle et divine. C'est là mon unique ambition.

BIBLIOGRAPHIE (1).

* P. Althaus : *Die Heilsbedeutung der Taufe in N. Test.*, Gütersloh, 1897.

* W. Beyschlag : *Neutestamentliche Theologie*, 2e édit., Halle, 1893.

Corblet : *Histoire dogmatique, liturgique et archéologique du sacrement de baptême*, Paris, 1881, 1882.

Duchesne : *Les origines du culte chrétien*, 2e édit., Paris, 1898.

* Ad. Harnack : *Dogmengeschichte*, Fribourg-en-B., 1894-1897, t. I, p. 79 et suiv.

* H.-J. Holtzmann : *Lehrbuch der Neutestam. Theologie*, Fribourg en-B., 1896-1897, t. I, p. 378 et suiv.

* Id : *Die Taufe in N. Testam.*, dans la *Zeitschrift für wissens. Theologie*, année 21, n° 4, p. 402 et suiv.

(1) Les noms précédés d'un * sont protestants.

* J.-C. Lambert : *The sacraments in the new Testament*, Edimbourg, 1903.

* A. C. Mc. Giffert : *A History of Christianity in the apostolic Age*, Edimbourg, 1898.

*C. F. Rogers : *Baptism and christian archeology*, Oxford, 1903.

* Schmidt, *Essai sur la doctrine du Baptême d'après le Nouveau Testament*, Strasbourg, 1842.

* Teichmann : *Die Taufe bei Paulus*, dans la *Zeitschrift für Theologie und Kirche*, 1896, n° 4, p. 357 et suiv.

* B. Weiss : *Lehrbuch der Bibl. Theologie des N. Test.*, Berlin, 1895.

CHAPITRE PREMIER

L'ORIGINE DU BAPTÊME

I. L'institution du baptême. — II. Rapport du baptême chrétien au baptême de Jean.

I. — *L'institution du baptême.*

Pour les catholiques, c'est un dogme de foi que le baptême a été institué par Jésus-Christ. Le texte classique du Nouveau Testament qui démontre cette thèse est MATTH., XXVIII, 19[b]. Or, la critique libérale au sein du protestantisme nie l'authenticité de ce texte synoptique et rejette par là même l'institution divine du baptême. Il est donc nécessaire de discuter l'authenticité de ce passage, autour duquel se concentre toute la controverse.

L'authenticité deMatth., xxviii, 19^b,) peut se prouver de deux manières :

1° *Directement.* — Ce passage se trouve dans tous les manuscrits et dans toutes les versions ; il a été aussi inséré dans toutes les éditions critiques sans aucun signequi en rejette ou en révoque en doute l'authenticité. La diplomatique et la critique textuelle ne soulèvent donc aucune difficulté.

2° *Indirectement.* — Il s'agit de discuter les objections des adversaires del'authenticité. Harnack, Scholten et Holtzmann ont dirigé contre ce passage l'attaque à la fois la plus savante et la plus méthodique.

1. On dit d'abord que ce texte est *tendancieux* ; il ferait partie de ce groupe de passages propres au premier Evangile, qui auraient pour but de sanctionner la situation dogmatique, hiérarchique et liturgique des cercles judéo-chrétiens pour lesquels cet Evangile aurait été écrit(1) ; il appartiendrait dès lors à une date postérieure ; seulement on l'aurait mis dans la bouche de Jésus-Christ pour lui donner plus d'autorité. — Mais cette objection est elle-même *tendancieuse*, parce qu'elle part d'un prin-

(1) On place dans ce même groupe Matth., xvi, 16-18 ; xviii, 15-18.

cipe gratuit ; on regarde comme un postulat critique que tous les passages synoptiques attestant une organisation quelconque dans la communauté chrétienne ne sont pas de Jésus-Christ ; or, ce principe est arbitraire et ne repose sur aucune base critique ; on a donc le droit de le rejeter de la même manière qu'on le pose.

2. On regarde comme un fait historique la résurrection de Jésus-Christ ; mais son apparition aux Apôtres et les 40 jours passés au milieu d'eux seraient une donnée de la tradition postérieure ; saint Paul ignorerait cette seconde vie terrestre du Sauveur; en effet, ROM., VIII, 34[b], et EPHES., I, 20, semblent insinuer que la résurrection et l'ascension au ciel on été simultanées et qu'il ne s'est écoulé aucun intervalle de temps entre ces deux événements. — Rien ne démontre que ce séjour de 40 jours soit impossible ou simplement irréel ; quant aux deux passages de saint Paul qu'on allègue, ils ont un caractère dogmatique, comme on peut s'en convaincre par une simple lecture ; saint Paul, se mettant donc sur le terrain dogmatique, pouvait se contenter d'affirmer les deux faits de la résurrection et de l'ascension sans entrer dans tous les détails historiques.

3. On observe que MATTH., XXVIII, 19ᵇ, ne se trouve ni dans MARC, XVI, 1-8, reconnu comme authentique, ni dans MARC, XVI, 9-20, en admettant qu'il soit authentique, ce qui est très douteux, ni dans LUC, XXIV, 47, qui ne parle que de « pénitence et de rémission des péchés ». — Mais rien ne prouve que les passages exclusifs à l'un des Synoptiques soient interpolés; de plus, MARC, 16ᵃ, contient la mention expresse du baptême ; si donc la péricope, MARC, XVI, 9-20, est authentique, il est faux de dire que la mention du baptême dans la bouche de Jésus-Christ est une donnée propre au premier des trois Synoptiques.

4. MATTH., XXVIII, 19ᵇ, serait incompatible avec I COR., I, 14. Si Jésus-Christ, dit-on, avait vraiment ordonné aux Apôtres d'aller enseigner et baptiser toutes les nations, on ne comprendrait pas pourquoi saint Paul, si fidèle aux commandements du Maître, rende grâces à Dieu d'avoir baptisé peu de monde à Corinthe. — Mais I COR., I, 14, est une incise, pour ainsi dire, purement accidentelle dans la trame de l'Épître, et doit être interprété d'après le contexte ; on voit, *ibid.*, ℣. 12, qu'il y avait des partis parmi les fidèles de Corinthe; Paul rend grâces à Dieu de n'avoir baptisé que Cris-

pus et Caius, afin que l'on ne fût pas porté à se réclamer de lui ; le ℣. 15 explique fort bien le sens des paroles de saint Paul.

5. Enfin MATTH., XXVIII, 19[b], contient la formule trinitaire, laquelle serait impossible dans la bouche de Jésus. Harnack, partant de sa théorie que l'essence du Christianisme prêché par Jésus se réduit à la confiance au Père céleste, conclut que la doctrine et la formule trinitaires sont postérieures au Fondateur du Christianisme et constituent l'un des stades du développement théologique. — Cette objection est certainement la plus sérieuse, et il serait imprudent d'en méconnaître la gravité ; la chose est d'autant plus délicate que MARC, XVI, 16[b], ne contient pas la formule trinitaire ; nous estimons cependant qu'elle n'est pas concluante : la doctrine trinitaire n'est pas impossible dans la bouche de Jésus ; MATTH., XI, 27, dont il n'y a pas lieu de mettre en doute l'origine synoptique, quoi que l'on en dise, contient la mention du Père et du Fils ; la mention de l'Esprit saint se trouve dans MATTH., XII, 32[b] (1) ; MATTH., XXVIII, 19[b], peut donc être regardé comme la formule synthétique d'une doctrine éparpillée ailleurs sous forme d'analyse.

(1) Cf. aussi MARC, III, 29[a] ; LUC, XII, 10[b], 12.

Toutes ces objections paraissent d'ailleurs se briser contre un fait historique ; il est certain que dès les premiers jours du christianisme on emploie le baptême comme rite d'initiation à la nouvelle Religion ; or, cet usage si primitif et si universel serait difficilement explicable, si le baptême n'eût pas été établi par Jésus-Christ.

II. — *Rapport du baptême chrétien au baptême de Jean.*

Les documents historiques sur ce point sont très rares ; nous ne pouvons par conséquent donner que quelques courtes indications.

1° Le baptême institué par Jésus est sûrement distinct de celui de Jean. Le Nouveau Testament est assez explicite, quoique ses attestations soient de différente nature. Le précurseur lui-même annonce l'institution d'un nouveau baptême : lui, il baptise « dans l'eau pour la pénitence » ; quant à Celui qui viendra après, il baptisera « dans l'Esprit et le feu », MATTH., III, 11 ; cf. aussi MARC, I, 8 ; LUC, III, 16 ; ACT., I, 5. Saint Paul conféra le baptême chrétien à ceux qui n'avaient reçu que le baptême de pénitence de Jean, ACT., XIX, 4-5. Jésus lui-même, après avoir reçu le baptême de Jean, annonce à Nicodème la nécessité de la régénération, JOA., III, 1-8.

2° Le quatrième Evangile, III, 22[b], 26[b] ; IV, 1[b], nous apprend que Jésus administrait le baptême. Certains critiques ont pensé que le baptême, dont il est question dans ces passages, est le même que celui de MATTH., XXVIII, 19[b]. Jésus aurait administré le baptême qu'il avait lui-même institué ; la seule différence c'est que, à l'exemple de Jean, il ne l'aurait administré qu'aux Juifs, tandis qu'après sa résurrection il ordonna à ses apôtres de le conférer à tous les peuples, suivant l'attestation synoptique, MATTH., XXVIII, 19[b]. — Cette opinion n'a pas trouvé de crédit auprès de la masse des critiques et des exégètes ; Weiss (1) la regarde comme entièrement fantaisiste; l'explication de ces passages paraît devoir être demandée au verset correctif, JOA., IV, 2, où ce n'est pas Jésus, mais ses disciples qui baptisent. Et le baptême conféré par les disciples de Jésus n'est autre que celui de Jean ; ils crurent ne pouvoir mieux se préparer à leur nouveau genre de vie qu'en imitant le précurseur.

(1) *Das Matthäus-Evangelium*, 8e édit., p. 498-499.

CHAPITRE II

LES FORMULES DU BAPTÊME

I. Le contenu des formules. — II. Le texte des formules.

I. — *Le contenu des formules.*

La formule la plus authentique, celle qui vient de Jésus et que nous employons aujourd'hui dans l'administration du baptême, mentionne les trois Personnes de la Trinité. C'est en leur nom que le baptême doit être conféré. Cette formule, qui a sa première attestation dans les Synoptiques, MATTH., XXVIII, 19^{b}, est aussi enseignée par la *Didachè*, VII, 1. On a fait bien des spéculations dogmatiques sur cette formule « trinitaire ». Pour Meyer, elle indiquerait que le baptisé entre, par le baptême, dans une nouvelle relation de vie, dans laquelle le nom du Père, du Fils et du Saint-Esprit, qui lui a été annoncé, est le contenu même de la foi ; selon d'autres elle indique que le baptisé entre en communion avec le Dieu trine. Ces interprétations n'ont aucune attache avec le texte. La formule, littéralement interprétée, indique uniquement que la collation du baptême doit être en relation avec le nom des trois Personnes de la Trinité (1). — A côté de cette formule, on en trouve une autre qu'on pourrait appeler « unitaire », parce qu'elle ne mentionne que Jésus-Christ, ACT., II, 38[b] ; VIII, 16[b] ; X, 48[a] ; XIX, 5 ; ROM., VI, 3[a] ; GAL., III, 27[a] ; *Didachè*, IX, 5.

II. — *Le texte des formules.*

Si l'on considère ces formules dans leur contexture interne ou grammaticale, on constate qu'elles varient. Ce point, qui paraît insignifiant, a cependant son importance, parce qu'il permet de se rendre compte de la signification précise des formules ou de l'orientation de la pensée. Elles se ramènent à trois types. Les unes emploient la préposition

(1) Cf. l'analogie de MATTH., XVIII, 20.

grecque εἰς avec l'accusatif : εἰς τὸ ὄνομα, MATTH., XXVIII, 19[b] ; ACT., VIII, 16[b] ; XIX, 5 ; ROM., VI, 3[a] ; GAL., III, 27[a] ; *Didachè*, VII, 1 ; IX, 5. La préposition εἰς, suivie d'un accusatif, indique une tendance, un mouvement, une direction vers quelque chose qui est comme la fin, le but, le terme ; ce type doit se traduire ainsi : « dans » ou « pour le nom du Père ». ou « dans » ou « pour le Christ Jésus » ou « le Christ ». Le deuxième type emploie la préposition ἐπὶ avec le datif : ἐπὶ τῷ ὀνόματι, ACT., II, 38[b]. La traduction devrait être : « dans le nom [de Jésus-Christ] ». Enfin le troisième type emploie la préposition ἐν avec le datif : ἐν τῷ ὀνόματι, ACT., X, 48[a]. La traduction est : « au nom [du Seigneur]. » Ces minuties philologiques ne sont pas à dédaigner ; outre le caractère essentiel de la formule théologique, l'exégèse pourrait y découvrir un mouvement de la pensée : la préposition εἰς suivie de ὄνομα paraît impliquer qu'on reçoit le baptême pour confesser le nom de Celui ou de Ceux qu'on suit comme un ou des chefs ; la préposition ἐπὶ suivie de ὀνόματι semble désigner qu'on est protégé par le nom de Jésus-Christ, de sorte qu'on met en lui son espérance ; enfin la préposition ἐν avec l'accusatif paraît exprimer cette idée : « par l'autorité de... »

CHAPITRE III

LE BUT DU BAPTÊME

Le but du baptême n'est pas facilement déterminable dans les documents primitifs. Il faut écarter tout d'abord l'opinion d'une école critique qui prétend que Jésus a institué le baptême chrétien, pour perpétuer les purifications juives. On voit en effet que de multiples purifications étaient employées par les Juifs : purifications théocratiques, Lev., xiv, 32 ; xv, 13 ; cf. Marc, I, 44 ; Luc, ii, 22 ; v, 14 ; Joa., ii, 6, où l'on voit le mot καθαρισμός. Quelquefois on emploie le mot βαπτίζειν « baptiser » dans le sens même de λούεσθαι, « laver », *râchatz* du texte hébreu, Marc, vii, 4[a]; Luc, xi, 38[b] (1) ;

(1) C'est dans le sens de « lustrations » que l'on doit entendre Hebr., ix, 10[a], où il est question de « divers baptêmes », διαφόροι βαπτισμοί.

l'érudition moderne a démontré que la Communauté juive de l'époque qui précéda immédiatement la venue de Jésus-Christ connaissait et employait, à l'égard des gentils, un baptême de prosélytisme (1) ; le baptême de Jean aurait été le chainon intermédiaire entre les purifications juives et le baptême de Jésus. — Le baptême de Jésus n'est pas le prolongement des purifications juives : il est le point de départ d'un nouvel ordre de choses, la pierre fondamentale d'un nouvel édifice, le premier organe d'une Institution permanente et régulière, destinée à conquérir et à diriger l'humanité.

Mais quelle est la fin immédiate de ce Rite ? La formule synoptique, MATTH., XXVIII, 19[b], est muette sur ce sujet. MARC, XVI, 16, distingue entre le salut et la damnation : pour être sauvé il faut *croire* et *être baptisé*, 16[a] ; au contraire, pour être condamné, il suffit d'avoir *manqué de foi*, 16[b]. Si l'on consulte les autres documents de la littérature primitive, on constate que le baptême, dans la pensée des premiers ouvriers du Christianisme, a un double but : 1° C'est un Rite *d'initiation* ; c'est

(1) Cf. EDERSHEIM, *Life and Times of Jesus the Messias*, II, 747 ; KRAUSS, *The Jewish Encyclopedia*, II, 499.

par lui qu'on est initié à la nouvelle Religion, qu'on est agrégé à la société fondée par Jésus-Christ, qu'on entre, comme nous dirions aujourd'hui, dans l'Eglise, ACT., VIII, 12[b], 13[a] ; IX, 18[c] ; X, 47[b] ; XVI, 15[a], 33[b] ; XVIII, 8[b] ; XIX, 5 ; à ce titre il suppose dans celui qui le reçoit la foi, ACT., VIII, 12[a], 13[a] ; XVIII, 8, ou la réception du Saint-Esprit, ACT., X, 47[b] ; — 2° il a été institué pour *remettre les péchés*, ἄφεσις ἁμαρτιῶν, ACT., II, 38[c], ou pour *effacer les péchés*, ACT., XXII, 16[b]. Si l'on condense ces données, on arrive à cette conclusion que Jésus a institué le baptême comme un signe distinctif de ses disciples, non qu'il fût préalablement nécessaire de recevoir le baptême pour devenir disciple de Jésus, mais parce que le baptême est comme la consécration du fait d'être devenu disciple ; l'ordre des Synoptiques accrédite cette vue ; les Apôtres doivent enseigner toutes les nations, c'est-à-dire en faire des disciples de Jésus — car tel est le vrai sens de : μαθητεύσατε πάντα τὰ ἔθνη — puis les baptiser, MATTH., XXVIII, 19 ; les expressions sont un peu différentes dans MARC, XVI, 15 ; Jésus ordonne aux Apôtres d' « annoncer l'Evangile » à toute créature ; mais le sens est au fond le même, car la prédication de la « Bonne Nouvelle » est le moyen de faire des disciples à Jésus-Christ ; Jésus a aussi institué le baptême pour remettre les péchés et purifier l'âme ; la « rémission des péchés » est, dans LUC, XXIV, 47, associée à la « prédication [de l'Evangile] » ; or, il n'y a pas de doute que LUC, XXIV, 47, ne corresponde à MATTH., XXVIII, 19, et à MARC, XVI, 15-16. Le baptême, tel qu'il apparaît dans le Nouveau Testament, est donc une *Initiation* et une *Purification.*

CHAPITRE IV

LE MODE DE COLLATION

I. L'immersion. — II. L'infusion et l'aspersion.

I. — *L'immersion.*

Si l'on se rapporte à l'étymologie, βαπτίζω, « plonger », « submerger », « noyer », on doit conclure que le baptême était, à l'origine, conféré par immersion. Les attestations *explicites* de la littérature primitive, ou les simples métaphores sont toutes favorables à ce mode de collation : saint Paul appelle, EPHES., v, 26, le baptême le « bain de l'eau », λουτρὸν τοῦ ὕδατος, ou, TIT., III, 5[b], le « bain de régénération et de rénovation », λουτρὸν παλιγγενεσίας καὶ ἀνακαινώσεως, ce qui suppose évidemment que le néophyte était plongé dans l'eau ; c'est ainsi que saint Philippe baptisa l'eunuque de la reine Candace, Act., viii, 38-39. « Tous deux [Philippe et l'eunuque] descendirent dans l'eau, et il [Philippe] le baptisa ; et après qu'ils furent remontés de l'eau, l'Esprit du Seigneur enleva Philippe ». Une métaphore de saint Paul Rom., vi, 4ª, nous apprend, que par le baptême nous sommes *ensevelis* avec Jésus-Christ, ce qui indique assez clairement qu'en recevant le baptême on était plongé dans l'eau. L'exégèse réaliste pourrait peut-être voir une autre indication dans la figure employée par Jésus, Joa., iii, 3-8 : dans cette partie de son entretien avec Nicodème, le Sauveur compare le baptême à une « seconde naissance » ; par la naissance corporelle l'enfant sort du sein de sa mère où il était totalement enfermé ; ne pourrait-on pas inférer que par la naissance spirituelle le néophyte sort de l'eau où il avait été plongé ? — L'un des plus anciens symboles de l'art chrétien, la *pêche*, conduit à la même conclusion : on voit le pêcheur retirant de l'eau un poisson, qui a amorcé l'hameçon ; le pêcheur c'est le ministre du baptême et le poisson, retiré de l'eau, c'est le néophyte ; on voit cette représentation dans les deux chapelles des sacrements A² et A³, à sainte Domitille, sur une fresque du Ier siècle (1), sur le sarcophage de la Gayolle, du IIe siècle (2). L'interprétation de ce symbole ne fait aucun doute pour les archéologues. — Ajoutons quelques témoignages des Pères apostoliques. C'est le sens naturel de la *Didachè*, VII, 1, lorsqu'elle recommande de baptiser dans une « eau vive », ἐν ὕδατι ζῶντι, c'est-à-dire une eau coulante, fleuve ou source ; elle n'admet d'autre mode d'administration que par exception, comme nous le verrons plus loin. Le Pasteur d'Hermas dit : « Quand nous descendons dans l'eau et que nous recevons la rémission de nos premiers péchés » (3) ; et : « il faut sortir de l'eau pour vivre..... le sceau est donc l'eau : on descend dans l'eau mort, et on remonte vivant » (4). Retenons aussi ces locutions de Tertullien : « sortis du bain » ; ..... « Lorsque vous montez de ce bain

(1) Cf. *Bullett. di arch. crist.*, 1865, p. 44.

(2) Cf. LE BLANT, *Sarcophages de la Gaule*, p. 157-160. — On peut voir une de ces représentations dans P. ALLARD, *Rome souterraine*, 2e édit., pl. VI, n. 1.

(3) ... ὅτε εἰς ὕδωρ κατέβημεν, κ. τ. λ., *Mand.* IV, 3¹.

(4) *Sim.* IX, 16²,⁴. — *Remonter de l'eau*, cf. MARC, I, 10ª.

très saint d'une nouvelle naissance » (1). — On sait que cette immersion se répétait trois fois (2).

Ces données ont cependant quelque chose de vague et d'imprécis. D'autre part, la théologie historique vise toujours à une plus grande précision. A un moment donné, et dans certains monuments, on constate que le mode d'administration n'est plus l'immersion *pure* ou *totale*, mais une immersion *partielle*; c'est un mode *mixte*, qui embrasse à la fois l'immersion et l'infusion et qu'on désigne par le mot d'*affusion* : le néophyte se tient debout dans la piscine, dont l'eau est plus ou moins profonde : le ministre prend de l'eau avec un vase et la lui verse sur la tête : « L'immersion baptismale ne doit pas s'entendre en ce sens que l'on plongeât entièrement dans l'eau la personne baptisée. Elle entrait dans la piscine, où la hauteur de l'eau n'était pas suffisante pour dépasser la taille d'un adulte; puis on la plaçait sous l'une des bouches d'où s'échappaient des jets d'eau ; ou encore on prenait de

(1) *De Bapt.*, cc. 7, 20; *P. L.*, t. I, col. 1206, 1224.
(2) Cf. Tertullien, *Adv. Prax.*, c. 26; *P. L.*, t. II, col. 190; *De cor. mil.*, c. 3 ; *ibid.*, col. 79.

l'eau dans la piscine pour la répandre sur sa tête. C'est ainsi que le baptême est représenté sur les anciens monuments. » (1)

II. — *L'infusion et l'aspersion.*

On ne trouve pas dans le Nouveau Testament d'attestation explicite touchant la collation du baptême par *infusion* ou *aspersion*. Cependant certains faits permettent sur ce point de légitimes inductions : les *Actes des Apôtres* nous apprennent, IX, 18 ; XXII, 16, que saint Paul se leva, dans la maison où il se trouvait, pour recevoir le baptême des mains d'Ananie. En pareil cas, l'immersion paraît bien difficile, sinon impossible ; c'est par infusion qu'Ananie administra le baptême à Paul. Nous avons un autre fait : saint Paul, dans sa

(1) DUCHESNE, *Origines du culte chrétien*, 2e édit., p. 302. — Ces paroles de Mgr DUCHESNE paraissent supposer que l'immersion *totale* ou *exclusive* n'a jamais existé. Je ne serais pas porté à partager cet avis, car le symbole du poisson retiré de l'eau ne se comprend naturellement que dans l'hypothèse de l'immersion totale.

prison, convertit et baptisa son geôlier et les membres de sa famille, ACT., XVI, 33; ici encore on ne voit pas la possibilité de l'immersion. Enfin il est impossible que les trois mille hommes, qui se convertirent à la suite du discours de saint Pierre, aient été baptisés par immersion, ACT., II, 41. — Sur ce point la *Didachè* est au contraire explicite ; ses paroles sont à rapporter ; après avoir dit qu'il faut baptiser dans une eau vive, elle continue, VII, 2-3 : « Si tu n'as pas d'eau vive, baptise avec une autre eau; si tu ne peux pas [baptiser] dans [de l'eau] froide, [baptise] dans [de l'eau] chaude. Si tu n'as ni l'une ni l'autre, *verse trois fois sur la tête de l'eau* (1) au nom du Père, et du Fils et du Saint-Esprit ».

(1) ..... ἔκχεον εἰς τὴν κεφαλὴν τρὶς ὕδωρ, κ. τ. λ.

CHAPITRE V

LE MINISTRE DU BAPTÊME

I. Le Nouveau Testament. — II. L'ancienne littérature.

I. — *Le Nouveau Testament.*

Le Nouveau Testament ne contient aucune prescription sur ce sujet. Nous voyons cependant que, de fait, le baptême est conféré par différentes catégories de personnes. Le prince des Apôtres ordonna, Act., x, 48, de baptiser le centurion Corneille avec toute sa famille; le texte ne nous dit nullement quel fut, en cette circonstance, le ministre. Saint Paul administra lui-même le baptême au gardien de sa prison et aux membres de sa famille, Act., xvi, 23, et, à Corinthe, à Crispus et à Caïus, ainsi qu'à la maison de Stephanas, I Cor., i, 14-16; il déclare cependant, *ibid.*, ỳ. 17, que sa mission n'est pas de baptiser mais d'évangéliser. Le diacre Philippe administre le baptême à diverses personnes, Act., viii, 12-13, 38. Ananie, qui était d'après toutes les vraisemblances un simple laïque, conféra le baptême à Paul, Act., ix, 18, et cela sur l'ordre de Jésus, *ibid.*, ỳỳ. 11, 15, 17.

II. — *L'ancienne Littérature.*

Les conclusions qui ressortent des textes de l'ancienne littérature nous obligent à distinguer entre la collation *solennelle* et la collation *privée*.

1° *La collation solennelle.* — Dans les premiers siècles de l'Eglise on conférait solennellement le baptême ; comme la collation du baptême était suivie de la Confirmation et de la réception de l'Eucharistie, l'évêque, entouré de son presbytérium, présidait à cette cérémonie complexe. Il est possible que lui-même ait dans quelques cas administré le baptême : la plupart du temps c'était un prêtre qui administrait le baptême, après quoi l'évêque donnait la Confirmation et célébrait le saint Sacrifice où les nouveaux baptisés recevaient de sa main la communion. Ignace d'Antioche dit, SMYR., VIII, 1, que « sans l'évêque il n'est permis ni de baptiser, ni de faire l'agape » (1). Ces paroles prouvent que la présence de l'évêque était nécessaire. Le *Testament de Notre-Seigneur* (2) suppose cette présence. En tout cas, le consentement de l'évêque est exigé : Tertullien est formel sur ce point (3) ; on voit par ses paroles que le diacre baptise à défaut de prêtre (4).

2° *La collation privée.* — Dans des circonstances exceptionnelles, lorsqu'on ne pouvait pas attendre la collation solennelle qui n'avait

(1) οὐκ ἐξόν ἐστιν χωρὶς τοῦ ἐπισκόπου οὔτε βαπτίζειν οὔτε ἀγάπην ποιεῖν.

(2) Edit. RAHMANI, p. 125, 128.

(3) *Dandi* [baptismum] *quidem habet jus summus sacerdos, qui est Episcopus. Dehinc presbyteri et diaconi, non tamen sine episcopi auctoritate propter Ecclesiæ honorem.* (*De bapt.*, c. 17 ; *P. L.*, t. I, col. 1218).

(4) Cf. aussi le *Testament de Notre-Seigneur*, p. 132.

lieu qu'à des époques déterminées, on reconnaissait aux laïques mêmes le droit de conférer le baptême ; Tertullien nous en est témoin (1) ; il va jusqu'à déclarer que si, en cas de nécessité, un laïque refuse de baptiser, il est coupable de la « perte d'un homme » (2). Le *Liber Pontificalis* (3) attribue au pape Victor (189-198) une constitution en vertu de laquelle un chrétien peut conférer, en cas de nécessité, n'importe en quel lieu, le baptême à un païen qui a préalablement récité le symbole.

(1) *Alioquin etiam laicis jus est..... Sufficiat scilicet in necessitatibus ut utaris*, etc. *(Ibid.)*. — Cf. aussi *De exhort. castit.*, c. 7 ; *P. L.*, t. II, col. 922.

(2) *Reus perditi hominis. (Ibid.)*.

(3) Edit. Duchesne, t. I, p. 137.

CHAPITRE VI

LE SUJET DU BAPTÊME

I. Le Nouveau Testament. — II. L'ancienne Littérature.

I. — *Le Nouveau Testament.*

L'ordre de Jésus aux Apôtres, MATTH., XXVIII, 19, est absolument général et ne comporte aucune exception, aucune restriction : les Apôtres sont chargés d'enseigner et de baptiser toutes les nations. Dans l'intention de son Auteur, le baptême est donc destiné à tout le genre humain, à tous les descendants d'Adam. Marc, XVI, 16, est aussi d'une teneur générale : pour ce dernier, le baptême est aussi étendu que la foi, et comme cette dernière s'adresse à tous les enfants de la grande famille humaine, le baptême est de même institué par tous les hommes. D'ailleurs, son but exigeait et conditionnait cette universalité; nous avons vu que le baptême est un rite d'initiation et de purification; la religion de Jésus-Christ est faite pour le genre humain tout entier, et toutes les âmes sont obligées de travailler à leur purification, c'est-à-dire à détruire le péché et à acquérir la vertu, la sainteté. Le baptême devait donc avoir, dans la pensée et les desseins de Jésus-Christ, le même caractère d'universalité que sa religion et la gardienne permanente de sa religion, c'est-à-dire l'Eglise catholique. La prédication de la bonne nouvelle devait se répandre dans toutes les contrées de la terre; cette prédication portait dans ses destinées, comme suite ou comme sanction, le rite baptismal. Une fois que la porte du royaume de Dieu était ouverte, il fallait y entrer, et l'on y entrait précisément par le baptême. C'est l'ordre même établi par la Providence, et cet ordre sera sur cette terre une loi inviolable. Comme tous les hommes sont appelés à entrer dans le bercail de Jésus-Christ, ils sont par là même obligés de recevoir le Rite qui les y introduit.

II. — *L'ancienne Littérature.*

L'Evangile débuta par la conquête des âmes ; à l'origine de la prédication évangélique, il s'agissait d'asseoir les bases de la nouvelle Institution et de gagner des adhérents à la Religion chrétienne. Il n'était donc pas possible de procéder comme aujourd'hui : l'Eglise était à fonder ; aujourd'hui elle est fondée et nous y vivons. En ce qui concerne la collation du baptême, il faut par conséquent distinguer entre les adultes et les enfants.

1° *Les adultes.* — Les plus anciennes attestations, qui nous viennent de Tertullien, demandent certaines dispositions de la part des candidats au baptême ; elles font aussi aux autorités compétentes une obligation de les soumettre à un certain examen ; on ne pouvait pas en effet s'exposer à conférer le baptême à la légère, sans discernement, aux premiers qui se présenteraient ; c'eût été manquer à la prudence la plus élémentaire et transformer le baptême en une banale formalité : c'est pour cela que Tertullien conseille un certain délai :

« Ceux qui en ont la charge, dit-il, savent que le baptême ne doit pas être conféré témérairement... Il faut se rappeler ces [recommandations] : « *Ne donnez pas les choses saintes aux chiens* ; et : *ne jetez pas vos perles devant les pourceaux* (1) ; et : *N'impose les mains à personne avec précipitation et ne participe pas aux péchés d'autrui* (2)... C'est pourquoi, selon la condition, la disposition et l'âge de chacun, le délai du baptême est plus utile, surtout en ce qui concerne les enfants » (3). Dans la pensée de Tertullien ce délai permettait de s'assurer de la disposition des candidats. Immédiatement après il s'écriera : « Qu'ils viennent donc, lorsqu'ils sont adolescents, qu'ils viennent pendant qu'ils s'instruisent, afin que, lorsqu'ils viennent, ils soient enseignés ; qu'ils deviennent chrétiens, dès qu'ils peuvent connaître le Christ » (4). C'est pour ce

(1) MATTH., VII, 6.

(2) I TIM., V, 22.

(3) *Cæterum Baptismum non temere credendum esse sciunt, quorum officium est..... Imo illud potius perspiciendum :* Nolite dare sanctum canibus, et prosus projicere margaritas vestras ; *et,* manus ne facile imposueris, ne participes aliena delicta..... *Itaque pro cujuscumque personæ conditione ac dispositione, etiam ætate cunctatio Baptismi utilior est : præcipue tamen circa parvulos.* (*De bapt.*, c. 18 ; *P. L.*, t. I, col. 1220-1221).

(4) *Veniant ergo dum adolescunt, veniant dum discunt,*

même motif qu'on les soumettait à certains exercices préparatoires. La *Didachè* les soumet au jeûne : « Avant le baptême, que celui qui doit baptiser et celui qui doit être baptisé jeûnent, et quelques autres, s'ils le peuvent ; tu ordonneras à celui qui doit recevoir le baptême de jeûner un ou deux jours avant » (1). Tertullien ordonne aux candidats de prier, de jeûner, de faire des génuflexions, de passer des veilles dans la prière et d'accuser tous les péchés de la vie passée (2). Ces précautions étaient moralement nécessaires ; en s'y soumettant et en les accomplissant généreusement, le candidat montrait qu'il était animé d'une bonne volonté et qu'il avait pesé et mûrement réfléchi sa résolution.

2° *Les enfants.* — La nécessité du baptême pour les enfants est affirmée dès les premiers temps du

dum quo veniant, docentur ; fiant christiani, cum Christum nosse potuerint. (*Ibid.*, col. 1221).

(1) Πρὸ δὲ τοῦ βαπτίσματος προνηστευσάτω ὁ βαπτίζων καὶ ὁ βαπτιζόμενος καὶ εἴ τινες ἄλλοι δύνανται · κελεύσεις δὲ νηστεῦσαι τὸν βαπτιζόμενον πρὸ μιᾶς ἢ δύο. (VII, 4).

(2) *Ingressuros Baptismum, orationibus crebris, jejuniis et geniculationibus, et pervigiliis orare oportet, et cum confessione omnium retro delictorum*, etc. (*De Bapt.*, c. 20 ; *P. L.*, t. I, col. 1222).

Christianisme ; nous avons au IIe siècle le témoignage d'Irénée ; l'évêque de Lyon déclare que Notre-Seigneur est venu sauver « tous ceux qui renaissent en Dieu par Lui : les enfants, et les petits » (1) ; Tertullien reconnaît le même fait, lorsqu'il conseille, pour des raisons que nous avons déjà exposées, de différer le baptême, *surtout pour les enfants* (2) ; sous l'empire de cette préoccupation, il se demande : « Pourquoi l'âge innocent se hâte-t-il [d'accourir] à la rémission des péchés ? » (3). Les historiens modernes ne sont pas d'un autre avis. Ad. Harnack, tout en soutenant qu'aux premiers jours de l'Eglise, le baptême n'était pas conféré aux enfants, reconnaît toutefois que cette pratique était répandue au temps de Tertullien (4). Ces quelques faits suffisent à démontrer notre thèse ; lorsqu'on descend plus bas la pratique se généralise de plus en plus, jusqu'à ce qu'elle finisse par revêtir la forme qu'elle a de nos jours dans l'Eglise universelle.

(1) *Omnes qui per eum renascuntur in Deum, infantes et parvulos et pueros.* (*Adv hær.*, II, 22⁴ ; *P. G.*, t. VII, col. 784.

(2) *præcipue tamen circa parvulos.*

(3) *Quid festinat innocens ætas ad remissionem peccatorum ?* (*De bapt.*, c. 18 ; *P. L.*, t. I, col. 1221).

(4) *Dogmengeschichte*, 2e édit., t. I, p. 395.

CHAPITRE VII

CARACTÈRE DU BAPTÊME

La doctrine paulinienne, EPHES.,IV, 5, est claire : le baptême est *unique* ; « un Seigneur, une foi, un baptême » (1) ; les chrétiens n'ont qu'*un* baptême, comme ils n'ont qu'*un* Seigneur et qu'*une* foi. C'est donc l'*unicité* du baptême qui est enseignée dans ce texte. On aurait tort de l'entendre, comme on pourrait peut-être en avoir la tentation, dans ce sens que le baptême ne peut être conféré qu'*une* fois ; rien de pareil dans les paroles de l'auteur de l'Epître aux Ephésiens : il y est question d'un *Rite unique* et non d'une *unique collation* de ce Rite.

Nous rattachons à ce chapitre deux autres questions posées dans le Nouveau Testament lui-même :

(1) Εἷς κύριος, μία πίστις, ἓν βαπτισμα

La première *Epître aux Corinthiens* fait mention, xv, 29, d'un baptême pour les morts. Ayant à démontrer la résurrection pour les morts, l'auteur de l'Epître apporte un argument indirect ; il s'exprime ainsi : « Autrement [s'il n'y a pas de résurrection] que feront ceux qui se font baptiser pour les morts ? Si les morts ne ressuscitent absolument pas, pourquoi se font-ils baptiser pour eux ? » Il est facile de comprendre ce qu'était ce « baptême pour les morts » ; certaines personnes mouraient sans avoir reçu le baptême ; leurs parents ou leurs amis se faisaient baptiser à leur *place* ou en leur *faveur* ; par cette espèce de *substitution baptismale*, ils croyaient les rendre dignes de la résurrection générale. C'était comme le dogme de la communion des saints appliqué au baptême. Tertullien accepte purement et simplement le fait sanctionné par la première Epître aux Corinthiens (1). Il fait plus : à Marcion qui

(1) *Si autem et baptizantur quidam pro mortuis, videbimus an ratione, certe illa præsumptione hoc eos instituisse contendit* [saint Paul], *qua alii etiam carni, ut vicarium baptisma profuturum existimarent ad spem resurrectionis* ; *quæ nisi corporalis, non alios hic baptismate corporali obligaretur. Quid et ipsos baptizari, ait, si non quæ baptizantur corpora resurgunt ? Anima enim non lavatione, sed responsione sancitur.* (*De resur. car.*, c. 18 ; *P. L.*, t. II, col. 864-865).

niait la résurrection des morts, il oppose ce texte de saint Paul : il compare même cette pratique à la coutume païenne de prier pour les morts au mois de février (1).

L'*Epître aux Hébreux* nous parle, VI, 2[a] ; XI, 10[a], de plusieurs baptêmes ; VI, 2 : « [sans poser de nouveau le fondement] de la *doctrine des baptêmes* (2), de l'imposition des mains, de la résurrection des morts et du jugement éternel » ; IX, 10 : « .... [qui avec] les *divers baptêmes* (3) [étaient] des ordonnances charnelles imposées seulement jusqu'à une époque de réformation ». Au point de vue de l'exégèse pure, ces deux textes ne sont pas sans difficulté ;

(1) *Viderit institutio ista. Kalendæ si forte februariæ respondebunt illi, pro mortuis petere. Noli ergo Apostolum novum statim auctorem aut confirmatorem ejus denotare, ut tanto magis sisteret carnis resurrectionem, quanto illi qui vane pro mortuis baptizantur, fide resurrectionis hoc facerent. Habemus illum alicubi (Eph*, IV, 5) *unius baptismi definitorem. Igitur et pro mortuis tingui, pro corporibus est tingui ; mortuum enim corpus ostendimus. Quid facient qui pro corporibus baptizantur, si corpora non resurgunt.* (*Adv. Marc.*, V, 10 ; *P. L.*, t. II, col. 494-495). — On peut voir, sur cette question, SCHANZ, *Die Lehre von den heiligen Sacramenten*, p. 257.

(2) Βαπτισμῶν διδαχῆς.

(3) ... διαφόροις βαπτισμοῖς.

ÉPHES., IV, 5, est, sous le rapport de la lettre, opposé à HÉBR., VI, 2[a]; IX, 10[a]; tout donc nous commande de voir dans ces divers baptêmes de simples ablutions ; on y est d'autant plus incliné que l'Epître aux Hébreux reflète une forte couleur judaïque, et respire l'allégorisme du Rituel de la Synagogue. Les Juifs faisaient un grand usage des ablutions ; l'auteur de l'Epître, qui est loin d'être connu, s'adressant aux Juifs, leur parle d'usages et de coutumes qu'ils connaissent et qui leur sont familières ; les ablutions étaient du nombre ; c'est pourquoi elles se présentent à son esprit, et ont une place toute naturelle dans ce Rituel juif dont est remplie l'Epître aux Hébreux.

CHAPITRE VIII

LES EFFETS DU BAPTÊME

I. Le Nouveau Testament. — II. L'archéologie.

I. — *Le Nouveau Testament.*

Les principaux effets du baptême sont nettement indiqués dans le Nouveau Testament ; ils sont à peu près ceux qu'énumère la théologie actuelle. Il nous suffira de les passer en revue. En premier lieu, le baptême, comme nous l'avons déjà vu dans le chapitre III, *remet les péchés*. Dans les *Actes*, Ananie dit à Saül, XXII, 16 : « Et maintenant que tardes-tu ? Lève-toi, sois baptisé et *purifié de tes péchés*, en invoquant le nom du Seigneur » (1). Cette image est pittoresque ; elle est tout à fait dans les idées du temps et le langage biblique : le péché est conçu comme une *souillure* ; on lave l'âme quand elle en est affectée, comme on lave un habit quand il a des taches (2). En second lieu, en recevant le baptême on revêt Jésus-Christ ; saint Paul le déclare dans l'*Epître aux Galates*, III, 27 : « Vous tous, qui avez été baptisés en Jésus-Christ, *vous avez revêtu* Jésus-Christ » (3). C'est aussi là une image orientale : le baptême introduit dans nos âmes les dons et les grâces de Jésus-Christ ; on peut dire que Jésus-Christ prend possession de notre âme ; on s'en revêt comme d'un vêtement spirituel ; cette idée de *revêtement* est du reste familière à saint Paul (4). Il faut aussi remarquer que le passage correspondant, ROM., VI, 3, a une variante dans la finale : « Ignorez-vous que nous tous qui avons été baptisés en Jésus-Christ, avons été baptisés en sa mort ? » Le rapport

(1) ἀπόλουσαι τὰς ἁμαρτίας σου, κ. τ. λ.

(2) Cf. Ps. LI (Hebr. et Septante), L (Vulgate), 9 (hébr. et Vulgate), 7 (Septante) : *Purifie-moi avec l'hysope et je serai pur ; — Lave-moi, et je serai plus blanc que la neige.*

(3) Χριστὸν ἐνεδύσασθε.

(4) Cf. ROM., XIII, 14ª ; EPHES., IV, 24ª.

entre revêtir Jésus-Christ », de GAL., III, 27, et « être baptisé en sa mort », de ROM., VI, 3, se trouve vraisemblablement dans le verset suivant, ROM., VI, 4 : « Nous avons été ensevelis avec lui par le baptême pour la mort, afin que comme Jésus-Christ est ressuscité des morts par la gloire du Père, de même nous aussi nous marchions en [une] nouveauté de vie ». Ces derniers mots rejoignent la finale de GAL., III, 27, car « revêtir Jésus-Christ » et « marcher en [une] nouveauté de vie » signifient au fond la même chose ; et alors la métaphore de ROM., VI, 3ª, s'explique naturellement : pour recouvrer une nouvelle vie, il faut être préalablement mort. En troisième lieu, le baptême est une cause de régénération, TIT., III, 5 : « [Le Sauveur] nous a sauvés, non à cause des œuvres de justice que nous aurions faites, mais selon sa miséricorde, par le bain de la régénération et la rénovation du Saint-Esprit » (1). Par le baptême nous sommes de nouveau engendrés, nous naissons à une nouvelle vie ; l'entretien avec Nicodème, JOA., III, 3-8, paraît n'être que le

(1) διὰ λουτροῦ παλιγγενεσίας. Les derniers mots sont un peu obscurs ; on pourrait aussi traduire : *par le bain de la régénération et de la rénovation du Saint-Esprit.*

développement de cette pensée. Enfin le baptême est un principe, un germe de salut; c'est l'auteur de la I[a] *Petri* qui insiste, III, 21[a], sur cette idée: « Le baptême qui est l'antitype [de cette eau] nous sauve maintenant par la résurrection de Jésus-Christ » (1). L'explication doit être cherchée dans le verset précédent, qui introduit une comparaison avec le baptême chrétien : de même que l'arche de Noé sauva huit âmes du déluge, ainsi le baptême nous sauve [du naufrage spirituel]. L'arche de Noé est donc la figure du baptême de la nouvelle Loi.

II. — *L'archéologie.*

Les mêmes effets ou d'autres analogues se sont comme gravés dans les monuments et les inscriptions de l'art chrétien. Nous ne pouvons que résumer à grands traits la masse d'informations qui nous viennent de cette source. Le baptême produit dans l'âme la grâce sanctifiante; c'est pourquoi il est appelé, dans l'inscription d'Autun, « une source immortelle d'eaux divines », πηγὴ ἄμ-

(1) Ὃ καὶ ἡμᾶς ἀντίτυπον νῦν σώζει βάπτισμα, κ. τ. λ.

βροτος θεοπεσίων ὑδάτων (1) ; dans une épitaphe il est appelé « grâce de Dieu », χάρις τοῦ Θεοῦ (2) ; une autre inscription nous dit que le baptisé « a reçu le Saint-Esprit », *Qui accepit Sanctum Spiritum* (3) ; dans une autre inscription, la baptisée, Achillia, est dite « nouvellement illuminée », ΝΕΟΦΩΤΙΣΤΟΣ. — Le baptême opère la rémission des péchés ; à la chapelle des sacrements A³, est représentée la scène du paralytique guéri et emportant son grabat ; cette guérison matérielle est le symbole de la guérison spirituelle produite par le baptême ; ce qui ne permet pas d'en douter, c'est que cette scène se rattache aux autres scènes juxtaposées, qui sont sûrement baptismales (4). La pureté de l'âme, suite de la rémission des péchés, est symbolisée par les habits blancs que les néophytes portaient jusqu'au dimanche *in albis* (5) ; ces habits blancs sont parfois mentionnés dans les inscriptions par de formules de ce genre : *in albis*

(1) Cf. WILPERT, *Fractio panis*, édit. franç., p. 62.

(2) Cf. DE ROSSI, *Bullett.*, édit. franç. (1869), p. 27.

(3) Cf. DE ROSSI, *Bullett.* (1892), p. 41.

(4) Cf. WILPERT, *Principienfragen der christ. Arch.* (1889), p. 34.

(5) On s'appuyait peut-être sur Is., I, 18.

discessit, albas suas ad sepulcrum deposuit, etc. (1) — Le baptême engendre une nouvelle vie et donne lieu à une seconde naissance ; on dépouille le vieil homme et l'on revêt l'homme nouveau ; le rite de l'immersion paraît avoir symbolisé cette idée. Tertullien énonce clairement cette même idée lorsqu'il dit que : « Nous, petits poissons, nous naissons dans l'eau selon notre Poisson Jésus-Christ » (2). Or, ce Poisson, c'est le « Poisson des vivants », ΙΧΘΥΣ ΖΩΝΤΩΝ, dont il est fait mention dans une inscription du IIe siècle, qui se trouve au musée Kircher à Rome (3). L'inscription d'Autun appelle les chrétiens « race divine du poisson céleste », ἰχθύος οὐρανίου θεῖον γένος. — Le baptême imprime dans l'âme un sceau, *sigillum, signum, signaculum.* Ce sceau est mentionné dans l'inscription d'Abercius. Parlant de Rome Abercius dit : « Je vis là un peuple qui porte un sceau brillant », ΛΑΟΝ Δ ΕΙΔΟΝ ἐκεῖ

(1) Cf. De Rossi, *Bullett.*, trad. franç. (1869), p. 26 ; (1876), p. 19 ; Le Blant, *Inscript. chrét.*, t. I, p. 478.

(2) *De bapt.*, c. 1 ; *P. L.*, t. I, col. 1198.

(3) Cf. Wilpert, *Principienfragen der christl. Arch.*, pl. I, n. 3.

λαμπρὰν ΣΦΡΑΓΕΙΔΑΝ ἔχοντα, (fig. 9) (1). — Le baptême conférait le titre de « fidèle », πιστὸς. Le page Alexamenos, pour repousser l'insulte faite à sa foi par le moyen du crucifix blasphématoire, signe sur la paroi de la chambre voisine : « Alexamenos fidèle », *Alaxemenos fidelis.* — Enfin le baptême confère un droit au ciel ; si l'on meurt immédiatement après l'avoir reçu, on entre dans le royaume des cieux pour y jouir du bonheur éternel. A partir du IIᵉ siècle la résurrection de Lazare, figure de notre propre résurrection, ou une représentation symbolique du ciel et de ses joies, fait assez souvent pendant, dans les monuments de l'art chrétien, à une scène baptismale (2).

(1) Cf. G. de SANCTIS, *Die Grabschrift des Aberkios*, dans la *Zeitschrift für kath. Theologie*, (1897), t. XXI, p. 673 et suiv.

(2) Par exemple, dans la chapelle des sacrements, à la crypte *delle peccorelle*.

CHAPITRE IX

SIGNIFICATION DU BAPTÊME

Dans la doctrine paulinienne le baptême a une signification que nous appellerions « mystique », s'il nous était permis d'employer le langage moderne ; on pressent un profond symbolisme, qui avait probablement pénétré dans la société chrétienne au temps où furent écrites les Epîtres paulines. Recueillons les principaux éléments de ce symbolisme. — D'après le texte, ROM., VI, 3-4, que nous avons déjà cité et quelque peu discuté, le baptême représente la *sépulture* de Jésus-Christ ; par le baptême nous sommes ensevelis en Jésus-Christ *pour la mort* (1). Les mots : « pour la mort »,

(1) Συνετάφημεν οὖν αὐτῷ διὰ τοῦ βαπτίματος εἰς τὸν θάνατον, κ. τ. λ. ℣. 4. — La fin du ℣. 3 avait déclaré que nous avons été baptisés pour sa mort... εἰς τὸν θάνατον

qui sont l'exacte traduction du texte grec ont une portée toute spéciale : ils indiquent la fin, le but du baptême ; le Rite baptismal tend infailliblement à *tuer* en nous la vie du péché, la vie de la chair, pour y substituer une nouvelle vie, la vie de la grâce, la vie de l'esprit. Pour arriver à cette mort, il faut être enseveli avec Jésus-Christ. Pour avoir une explication plus complète, il faut se reporter au ỳ. 6 : le vieil homme, chez nous, a été crucifié [avec Jésus-Christ] (1) ; et pourquoi cela ? Afin que le corps du péché soit détruit, pour que nous ne soyons plus les esclaves du péché (2). La mort et la sépulture sont donc une des significations du baptême. Le ỳ. 5 renchérit encore sur cette idée par une délicieuse comparaison d'où sortira un des termes les plus chers à la piété des premiers siècles : « Si nous sommes devenus une même plante avec Lui par la similitude de sa mort, nous le deviendrons aussi [par la similitude]

αὐτοῦ ἐβαπτίσθημεν. — Col., ii, 12, a une légère variante, mais qui est plus claire que Rom., vi, 4 : *ensevelis avec Lui dans le baptême* : Συνταφέντες αὐτῷ ἐν τῷ βαπτίσματι, κ. τ. λ.

(1) συνεσταυρώθη.

(2) .. ἵνα καταργηθῇ τὸ σῶμα τῆς ἁμαρτίας, τοῦ μηκέτι δουλεύειν ἡμᾶς τῇ ἁμαρτίᾳ.

de la résurrection » (1), Le mot grec : σύμφυτοι, indique que par le baptême nous sommes greffés sur Jésus-Christ comme la branche sur le tronc ; après la mort et la résurrection, les baptisés sont entés sur Jésus-Christ, vivent de sa sève surnaturelle comme la branche vit de la sève qu'elle puise au tronc, et en reçoivent continuellement la poussée qui les fait croître et grandir dans la vie divine. C'est de cette comparaison de l'Epître aux Romains et de ce terme éminemment suggestif, σύφμυτοι, que sortira le titre par lequel on désignait dans les premiers temps de l'Eglise ceux qui aspiraient et se préparaient à en devenir membres : *Néophytes*, νεόφυτος (2), et qui signifie : « nouvelle plantation » ou « nouvellement planté ». La mort, la sépulture, la résurrection et la greffe sur Jésus-Christ, c'est tout le symbolisme du baptême consigné dans ce passage de l'Epître aux Romains.

La première *Epître aux Corinthiens*, XII, 13ᵃ, suggère un autre symbolisme, une autre signifi-

(1) Ἐι γὰρ σύμφυτοι γεγόναμεν τῷ ὁμοιώματι τοῦ θανάτου αὐτοῦ, ἀλλὰ καὶ τῆς ἀναστάσεως ἐσόμεθα.

(2) Cf. I TIM., III, 6.

cation. Le verset 12 venait d'établir une comparaison entre le corps naturel et le corps mystique de Jésus-Christ formé par les fidèles : le corps naturel, quoique un, a cependant plusieurs membres, et ces membres, bien que multiples, ne constituent qu'un seul corps (1) ; il en est ainsi du Christ (2) ; le verset 13 continue : « Car nous avons été tous baptisés en un seul Esprit [pour former] un seul corps » (3). Il est clair que ce corps, formé par les baptisés, est le corps même de Jésus-Christ. On arrive dès lors à ce symbolisme que par le baptême nous sommes, pour ainsi dire, agrégés au corps de Jésus-Christ, nous en devenons les membres. Le baptême est une sorte d'assimilation, d'incorporation : avant de le recevoir on est étranger au corps de Jésus-Christ ; dès qu'on l'a reçu on devient partie intégrante de ce corps. Cette comparaison est au fond une variante, une nouvelle forme de la première : comme la branche vit de la sève qu'elle reçoit du tronc, de même les membres ne vivent

(1) πολλὰ [μέλη] ὄντα ἕν ἐστιν σῶμα.

(2) οὕτως καὶ ὁ Χριστός. — La signification est claire : le Christ n'a qu'un seul corps, mais les membres de ce corps, c'est-à-dire les chrétiens, sont multiples.

(3) εἰς ἓν σῶμα ἐβαπτίσθημεν, κ. τ. λ.

que de la vie du corps dont ils font partie ; et de même que la branche séparée du tronc se dessèche et périt, ainsi le membre amputé cesse de vivre. Le baptême nous incorpore à Jésus-Christ, pour recevoir de Lui, vie, mouvement, influence. La même vie circule dans les membres d'un corps physique ; la même vie aussi doit circuler dans tous les membres du corps mystique de Jésus-Christ.

L'*Epître aux Hébreux*, qui est foncièrement allégorisante, regarde, VI, 4 ; X, 32, le baptême comme une *illumination* ; les baptisés ont été « illuminés » (1). Ils sont comme sortis du royaume des ténèbres pour entrer dans celui de la lumière ; ils sont partis de l'ignorance pour arriver à la connaissance de Jésus-Christ (2). C'est un nouveau monde qui s'est montré à eux, le monde d'en haut, des mystères et des vérités éternels (3). Le soleil divin a éclairé leur âme et leur a dévoilé des choses qu'ils ignoraient et qu'ils ne soupçonnaient même pas. Cette image d'« illumination », φωτισμός, qui

(1) φωτισθέντες. — Ils goûtent aussi le don céleste et deviennent participants du Saint-Esprit.

(2) Cf. II, PETR., II, 20.

(3) Cf. EPHES., III, 9.

paraît être empruntée au néo-platonisme alexandrin, sera recueillie par les premiers Pères (1), et se conservera dans la tradition des âges postérieurs (2). Les rédacteurs du Nouveau Testament voyaient peut-être une analogie ou une connexion entre l'illumination matérielle opérée à l'origine des choses, GEN., I, 3, et l'illumination spirituelle opérée par le baptême dans l'âme du chrétien (3), et concevaient le baptême comme une sorte de création. La parole de Dieu avait produit la lumière physique pour éclairer le chaos primitif ; le baptême produit la lumière intellectuelle pour dissiper les ténèbres de l'esprit.

(1) Cf. saint JUSTIN, *Apol.* I, 61 ; *P. G.*, t. VI, col. 420.

(2) On connaît les nombreuses Catéchèses « pour ceux qui doivent être illuminés », πρὸς φωτιζομένους.

(3) Cf. II, Cor., IV, 6.

CHAPITRE X

NÉCESSITÉ DU BAPTÊME

Le baptême était regardé comme nécessaire au salut par les derniers survivants de la première génération chrétienne. L'entretien avec Nicodème, qui n'est peut-être qu'une spéculation théologique sur la « seconde naissance », ne permet pas d'en douter : « En vérité, en vérité, je te le dis, si un homme ne naît de nouveau, il ne peut voir le royaume de Dieu » (1). Nicomède, qui ne comprend rien à ce langage, objecte : « Comment un homme peut-il naître, quand il est vieux ? Peut-il rentrer dans le sein de sa mère et naître ? » (2). Tout entier à son sujet, le Sauveur ne daigne pas répondre à cette objection, mais poursuit simplement son

(1) JOA., III, 3.
(2) *Ibid.*, ỳ. 4.

idée : « En vérité, en vérité, je te le dis, si quelqu'un ne naît pas d'eau et d'esprit, il ne peut entrer dans le royaume de Dieu » (1). Qu'il faille entendre ici par « royaume de Dieu » l'Eglise militante sur cette terre ou l'Église triomphante au ciel, ou les deux à la fois, peu importe ; toujours est-il que pour « voir ce royaume » ou pour y « entrer » il faut renaître. C'est la donnée véritablement importante et essentielle de ces considérations sur le Royaume. Que cette condition de « nécessité » se rattache par quelque lien historique à une déclaration expresse de Jésus, ou qu'elle ne soit que l'affirmation de la conscience chrétienne à la fin du premier siècle, et l'expression spéculative d'une pratique réelle et vivante, la chose ne tire nullement à conséquence ; pour le point de vue dogmatique, qui est celui que nous visons ici, les deux hypothèses sont absolument équivalentes. Mais comme le quatrième Evangile mêle beaucoup de théologie à l'histoire, que, d'autre part, il est le seul des documents canoniques à affirmer la nécessité du baptême (2), j'ai traité cette matière en dernier lieu.

(1) *Ibid.*, ℣. 5.
(2) Cf. cependant MARC. XVI, 16ª.

Du temps de Tertullien on se permit de nier la nécessité du baptême ; c'est ainsi que des hérétiques, connus sous le nom de Caïnites et de Quintilliens, soutenaient que la foi seule suffit au salut et que, par conséquent, le baptême n'est nullement nécessaire (1). Ces idées se heurtèrent au sens chrétien et aux premiers interprètes et représentants de la doctrine évangélique. La tradition patristique la plus ancienne enseigne la nécessité du baptême pour le salut. Nous avons déjà entendu Hermas déclarer que « il est nécessaire de sortir de l'eau pour vivre » (2) ; que l'on « descend dans l'eau mort et que l'on en remonte vivant » (3) ; il ajoute

(1) *Adeo, dicunt, Baptismus non est necessarius, quibus fides satis est, nam et Abraham nullius aquæ nisi fidei sacramento Deo placuit. Sed in omnibus posteriora concludunt, et sequentia antecedentibus prævalent. Fuerit salus ratio per fidem nudam ante Domini passionem et resurrectionem. At ubi fides aucta est credendi in nativitatem, passionem, resurrectionemque ejus, addita est ampliatio sacramenti, obsignatio Baptismi, vestimentum quodammodo fidei, quæ retro erat nuda, nec potentiam habuit sine suâ lege.* (TERTULLIEN, *De bapt.*, c. 13 ; *P. L.*, t. I, col. 1214-1215).

(2) Ἀνάγκην... εἶχον δι' ὕδατος ἀναβῆναι, ἵνα ζωοποιηθῶσιν. (*Sim.* IX, 16[2]).

(3) ... εἰς τὸ ὕδωρ οὖν καταβαίνουσι νεκροὶ, καὶ ἀναβαίνουσι ζῶντες.

que « le sceau (1) leur a été annoncé, et qu'ils en ont fait usage, afin d'entrer dans le royaume de Dieu » (2). — « Pourquoi, Seigneur, demande Hermas, les 40 pierres sont-elles montées, elles aussi, de l'abîme avec eux, puisqu'elles avaient déjà le scèau ? » — « Parce que, dit [le Seigneur], ce sont les apôtres, et les didascales, qui ont annoncé le nom du Fils de Dieu ; dormant dans la puissance et la foi du Fils de Dieu, ils ont aussi prêché aux morts, et leur ont donné le sceau de la prédication. — Ils sont donc descendus avec eux dans l'eau, et en sont remontés..... C'est par eux qu'ils ont été vivifiés et ont connu le nom du Fils de Dieu ; c'est pourquoi ils sont remontés [de l'eau] avec eux, et ont été adaptés à la construction de la tour, etc. » (3). On voit par cette allégorie qu'Hermas exagère la nécessité du baptême : même les justes de l'Ancien Testament ont eu besoin du baptême pour entrer dans le royaume de Dieu. Voilà pourquoi les Apôtres, après leur mort, se rendent auprès d'eux

(1) Le sceau, σφραγὶς, désigne le baptême à cause de la confirmation qui alors en était inséparable.

(2) κἀκείνοις οὖν ἐκηρύχθη ἡ σφραγὶς αὕτη καὶ ἐχρήσαντο αὐτῇ, ἵνα εἰσέλθωσιν εἰς τὴν βασιλείαν τοῦ Θεοῦ. (*Ibid.*, 16⁴).

(3) *Ibid.*, 16⁵⁻⁷.

pour leur annoncer le nom du Fils de Dieu, et leur donner le « sceau » [du baptême]. Nous avons aussi entendu saint Irénée nous déclarer que Jésus-Christ « est venu sauver tous ceux qui, par Lui, renaissent en Dieu » (1). Tertullien insiste avec la plus grande énergie sur la nécessité du baptême : « Il a été prescrit, dit-il, que sans le baptême personne n'arrive au salut » (2). Plus loin il dira que les paroles de Jésus à Nicodème, JOA., III, 5, « ont obligé la foi à la nécessité du baptême » (3). L'art chrétien n'a indiqué que d'une manière indirecte la nécessité du baptême : nous avons vu, en effet, chap. VIII, II, qu'il en énumère les effets qui, dans l'économie de la religion chrétienne, sont absolument nécessaires au salut. On peut avoir aussi une autre indication indirecte dans ce fait que « l'art

(1) *Omnes venit per semetipsum salvare; omnes, inquam, qui per eum renascuntur in Deum*, etc. (*Adv. hær.*, I, 22[4]; *P. G.*, t. VII, col. 784).

(2) *Cum vero præscribitur nemini sine Baptismo competere salutem*, etc. (*De bapt.*, c. 12; *P. L.*, t. I, col. 1213).

(3) ... *obstrinxit fidem ad Baptismi necessitatem.* (*Ibid.*, c. 13, col. 1215). — TERTULLIEN déclare, dans ce chapitre, que MATTH., XXVIII, 19, énonce la loi et la forme du baptême, *lex imposita, et forma præscripta*, tandis que JOA., III, 5, en indique la nécessité.

chrétien donne au baptême la première place dans les grands cycles des catacombes ; cette disposition des scènes n'est pas fortuite ; elle répond à l'importance attribuée au baptême dans la religion du Christ. Il forme le point de départ de la vie chrétienne qui doit aboutir au port de l'éternité, ainsi que l'indique le fragment de sarcophage de Saint-Valentin » (1).

(1) R.-S. Bour, dans *Dictionnaire de théologie catholique* de Vacant-Mangenot, t. II. col. 243. — Mgr Wilpert, *Fractio panis*, p. 6, pense trouver une preuve directe dans ce fait que l'art chrétien représente le baptême que Jésus a reçu « afin de nous en montrer la nécessité absolue ». Cette preuve est, à tout le moins, bien problématique.

CONCLUSION

L'historien des Dogmes ne peut aller plus loin sans sortir de son rôle. La théologie rationnelle pourra faire d'autres considérations et tirer des documents positifs tous les développements qu'ils comportent. L'étude de l'antiquité chrétienne, dans ses multiples manifestations, nous a montré que le cadre général et essentiel du Rite baptismal était ce qu'il est aujourd'hui. Sans doute certaines données présentent des difficultés, parce qu'elles nous mettent en face d'un monde depuis longtemps disparu et avec lequel le nôtre ne saurait avoir une parfaite identité. Lorsqu'on étudie les premiers temps du Christianisme, la première condition c'est de les prendre tels qu'ils sont, dans leur véritable marche historique, et se bien garder de les altérer, de quelque façon que ce soit, par une projection des temps actuels. Ce qu'il faut retenir de cette enquête bien superficielle, c'est que le Baptême était, à l'origine de l'Eglise, le Rite par lequel on entrait dans la nouvelle Société, on devenait enfant de Dieu, on naissait à une nouvelle vie, et l'on se greffait sur Jésus-Christ. Le Sauveur avait fondé un nouveau royaume dont l'universalité est une des propriétés distinctives. Tous les hommes sont appelés à faire partie de ce royaume de sainteté, de justice, de paix et de charité. L'entrée dans le royaume de Dieu fut subordonnée par Jésus lui-même à une condition nécessaire : la réception du Rite baptismal. Le baptisé est comme transplanté : sa vie change et se transforme ; un nouvel ordre de choses commence pour lui ; c'est un rejeton de Jésus-Christ : il est marqué d'un sceau tout particulier qui en fait un « concitoyen des saints et un membre de la maison de Dieu » (1).

(1) Ephes., ii, 19.

TABLE DES MATIÈRES

Avant-Propos 5

Bibliographie 7

Chapitre I. — L'origine du baptême. — I. L'institution du baptême. — II. Rapport du baptême chrétien au baptême de Jean 9

Chapitre II. — Les formules du baptême. — I. Le contenu des formules. — II. Le texte des formules 16

Chapitre III. — Le but du baptême. 19

Chapitre IV. — Le mode de collation. — I. L'immersion. — II. L'infusion et l'aspersion . . 23

Chapitre V. — Le ministre du baptême. — I. Le Nouveau Testament. — II. L'ancienne littérature 29

Chapitre VI. — Le sujet du baptême. — I. Le Nouveau Testament. — II. L'ancienne littérature. 33

Chapitre VII. — Caractère du Baptême . . . 39

Chapitre VIII. — Les effets du baptême. — I. Le Nouveau Testament. — II. L'archéologie. 43

Chapitre IX. — Signification du baptême. . . 50

Chapitre X. — Nécessité du Baptême 56

Conclusion 62

Saint-Amand (Cher). — Imprimerie BUSSIÈRE.

www.ingramcontent.com/pod-product-compliance
Ingram Content Group UK Ltd.
Pitfield, Milton Keynes, MK11 3LW, UK
UKHW022136190726
13855UKWH00003B/1168

9 782013 403030